Sitzungsberichte
der Akademie der Wissenschaften
der DDR
Mathematik – Naturwissenschaften – Technik

8N

1981

Klaus Meyer

Schichtbildungsprozesse an Metalloberflächen

AKADEMIE-VERLAG · BERLIN

Sitzungsberichte
der Akademie der Wissenschaften
der DDR
Mathematik – Naturwissenschaften – Technik

Jahrgang 1981 · Nr. 8/N

Klaus Meyer

Schichtbildungsprozesse an Metalloberflächen und ihr Einfluß auf das Reibungs-, Schmierungs- und Verschleißverhalten (RSV)

Mit 18 Abbildungen und 4 Tabellen

AKADEMIE-VERLAG · BERLIN
1981

Vortrag von Prof. Dr. rer. nat. habil. Klaus Meyer, Institut für chemische Technologie der Akademie der Wissenschaften der DDR und Diskussionsbeitrag von Herbert Grunze, Korrespondierendes Mitglied der AdW der DDR, gehalten in der Sitzung der Klasse Chemie am 15. Mai 1980

Herausgegeben im Auftrage
des Präsidenten der Akademie
der Wissenschaften der DDR
von Vizepräsident Prof. Dr. Heinrich Scheel

ISSN 0138 - 3956
Erschienen im Akademie-Verlag, DDR-1080 Berlin, Leipziger Str. 3–4

Lizenznummer: 100/74/81
Gesamtherstellung: VEB Druckhaus Köthen
Bestellnummer: 762 976 2 (2010/81/8/N) · LSV 3635
Printed in GDR
DDR 4,– M

Ich betrachte es als eine hohe Ehre, im Rahmen einer Klassensitzung über ein Gebiet vortragen zu können, mit dessen Bearbeitung wir aus physikalisch-chemischer Sicht auf Anregung von Akademiemitglied KEIL vor wenigen Jahren begonnen haben und das heute unter Verstärkung technologischer Aspekte im Institut für chemische Technologie fortgeführt wird: Reibung, Schmierung und Verschleiß (RSV). Aus der Fülle notwendiger Betrachtungs- und Bearbeitungsbreite möchte ich mich auf einen kleinen Ausschnitt von Arbeiten beschränken, die in der Abteilung Grenzflächenchemie und Applikation des Instituts für chemische Technologie entstanden sind, wobei Untersuchungen zur Wirksamkeit ausgewählter schichtbildender Schmierstoffbestandteile und Schichtbildungsuntersuchungen im Vordergrund stehen. Letztlich umfaßt das Gesamtgebiet RSV

- die Konstruktion von Reibpaarungen (Ingenieurwissenschaften),
- den rationellen Werkstoffeinsatz (Werkstoffwissenschaften),
- die Schmierstoffentwicklung, -herstellung und den -einsatz (chemische Wissenschaften, wie organische und physikalische Chemie sowie chemische Technologie).

Es besteht ein direkter Zusammenhang zwischen der Entwicklung von Kraftmaschinen und Schmierölarten: Tab. 1.

Große Anstrengungen werden in Forschung und Technik unternommen, um die in Maschinensystemen auftretenden Ausfälle möglichst gering zu halten. Dennoch wird eingeschätzt, daß heute noch etwa 90% aller Ausfälle von mechanischen Bauteilen auf eine Nichtbeherrschung von Reibung und Verschleiß zurückzuführen sind. In Anbetracht des hierdurch verursachten großen volkswirtschaftlichen Schadens, der im Weltmaßstab jährlich einige 100 Mrd. Dollar beträgt, kommt der Entwicklung dieses Gebietes eine besondere Bedeutung bei. Anhand von Untersuchungen und Schätzungen wurde festgestellt [1], daß in der Industrie der DDR ein jährlicher volkswirtschaftlicher primärer Verlust in einer Größenordnung von 3 Mrd. Mark entsteht. Bezieht man die sekundären Verluste durch Stillstandszeiten und Produktionsausfälle ein, erhöht sich der Verlust sogar auf das Vierfache.

Tabelle 1 Zusammenhang zwischen der Entwicklung von Kraftmaschinen und Schmierölarten (legierte und unlegierte Mineralöle sowie synthetische Öle)

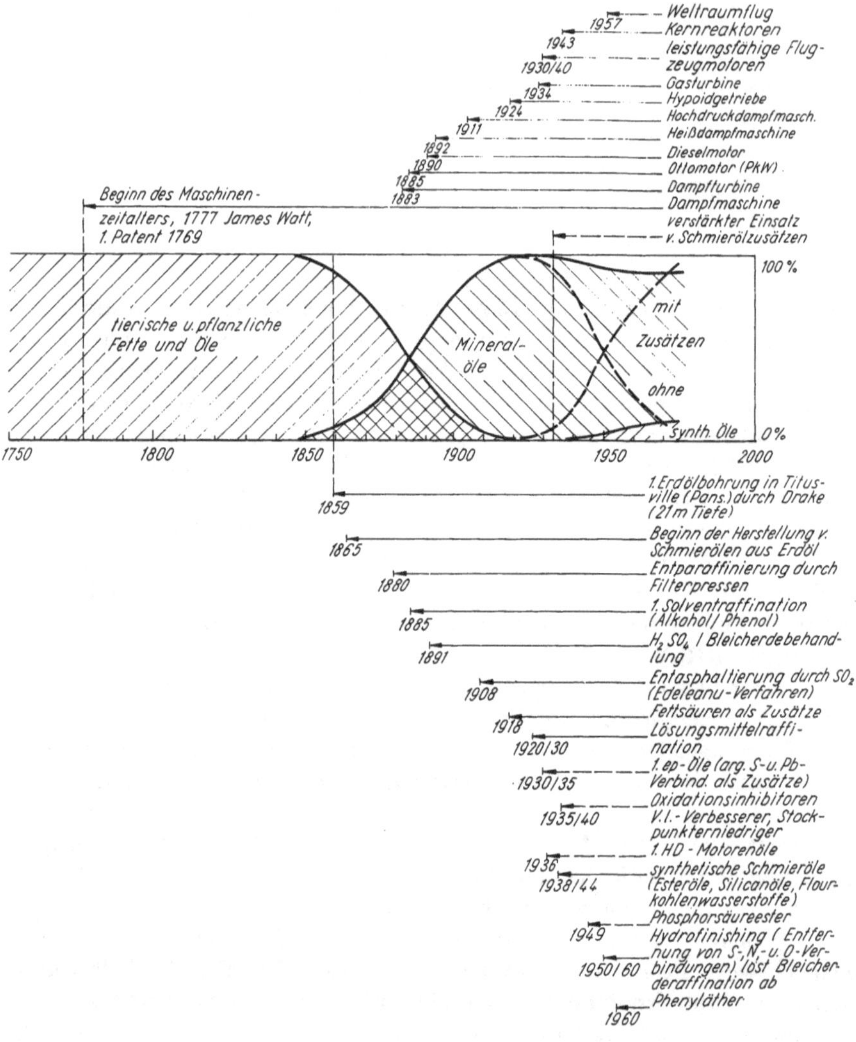

Im Zusammenhang mit der Entwicklung und Erweiterung des Maschinenbaus ergeben sich auch erhöhte Anforderungen an den Schmierstoff. Damit umfaßt der Applikationsbereich der Schmierstoffe praktisch alle Zweige der Volkswirtschaft und bestimmt somit entscheidend die Zuverlässigkeit von Maschinen und Maschinenbaugruppen.

Der große Applikationsbereich bringt eine vielfältige Verzweigung in spezifische Einsatzfälle mit sich, die sich durch differenzierte Funktionsforderungen und wechselnde Beanspruchungsbedingungen unterscheiden. Das grundsätzliche volkswirtschaftliche Erfordernis der Applikation von Schmierstoffen besteht in der Verminderung von Reibung und Verschleiß. Die heutige moderne Technik mit ihren komplizierten Maschinenbaugruppen verlangt darüber hinaus die Erfüllung einer Vielzahl von Funktionen durch den Schmierstoff, und in bestimmten Einsatzfällen muß die Reibungs- und Verschleißminderung nicht notwendigerweise die Hauptfunktion darstellen. In allgemeiner Form lassen sich die RSV-Anforderungen in folgenden Punkten zusammenfassen:

- verlustarme Energieübertragung,
- Herabsetzung des Verschleißes,
- Erhöhung der Zuverlässigkeit von Maschinen und Maschinenbaugruppen,
- Verringerung des Wartungs- und Pflegeaufwandes,
- Erhöhung der Ölwechselfristen.

Da der Gebrauchswert in der Nützlichkeit von Stoffeigenschaften besteht, muß zwischen ihm und der stofflichen Zusammensetzung der Schmierstoffe ein funktioneller Zusammenhang bestehen [2]. Trotzdem wird die stoffliche Zusammensetzung zum gegenwärtigen Zeitpunkt kaum zur Ermittlung des Gebrauchswertes der Schmierstoffe herangezogen. Vielmehr dominieren im wesentlichen Funktionsprüfmethoden, die nicht stoffspezifisch sind. Die Methoden der Gebrauchswertcharakterisierung in ihrer Gesamtheit ergeben sich aber als Einheit aus Inhaltsstoffanalytik, Laborprüfung, maschinen-technischen Tests und der Praxiserprobung.

Die Applikationsforschung der Schmierstoffe ist durch zwei grundsätzliche Wege gekennzeichnet:

1. Statistische Ermittlung von Zuverlässigkeitskenngrößen im praktischen Betrieb.
2. Wissenschaftliche Durchdringung der Schmierstoffentwicklung und -applikation mit dem Ziel, aus der Kenntnis der Eigenschaften des Schmierstoffs bzw. seiner Bestandteile zu Schmierstoffkompositionen mit optimalen Gebrauchseigenschaften zu gelangen.

Ich möchte hier über den zweiten Weg berichten und am Beispiel zweier typischer Vertreter von Schmierstoffadditivklassen, der organischen Sulfide und Metalldithiophosphate, an ausgewählten Beispielen darstellen, wie durch komplexe physikalisch-chemische Untersuchungen grundlegende Erkenntnisse über den Wirkungsmechanismus gewonnen werden können.

Da es sich um eine recht spezielle Thematik mit spezifischer Terminologie und Prüfmethoden handelt, sind ein paar Vorbemerkungen notwendig: Heute werden praktisch keine reinen Erdöldestillate als Schmierstoffe eingesetzt. Entsprechend unterschiedlicher Einsatzgebiete der Schmierstoffe werden spezielle Zusätze, sogenannte Additive, zugefügt, die die Eigenschaften des Schmierstoffs in der angestrebten Weise verbessern. Tab. 2 zeigt eine Zu-

Tabelle 2 Additive, die physikalische und chemische Eigenschaften von Schmierstoffen beeinflussen

Additive, die die physikalischen Eigenschaften des Öles verändern

	chem. Verbindungsklasse	Vertreter	Aufgabe
Viskositätsindexverbesserer	Polymere – Polyester – Kohlenwasserstoffe	Polyalkylmethacrylate, Polyisobuten	erhöhen bei hohen T die Viskosität stärker als bei niedrigen T
Stockpunktverbesserer	Polymere	Polyalkylmethacrylate	verhindern beim Ausscheiden von Paraffinkristallen deren Zusammenwachsen
Entschäumungsadditive	Siliconöle	Polymethylsiloxane	verhindern Schaumbildung
Dispergiermittel	Polymere	Polyisobutenylsuccinimid	sorgen für eine feine Verteilung des Kalkschlammes im Öl

Additive, die die chemischen Eigenschaften des Öles verändern

Antioxidantien	schwache Reduktionsmittel	Phenolderivate, N-substituierte Phenylendiamine	verhindern Alterung des Öles durch Radikalkettenabbruch
Detergentien	metallhaltige, polare, organische Verbindungen	Ca-, Ba- u. Mg-Salze von Alkylarylsulfonsäuren	neutralisieren durch ihre alkalische Reserve saure Ölalterungsprodukte

sammenstellung von Additiven, die die physikalischen und chemischen Eigenschaften beeinflussen.

In der Tab. 3 sind die schichtbildenden Additive zusammengestellt, die im aw-Bereich (anti wear; Anti-Verschleiß-Bereich) bzw. im ep-Bereich (extreme pressure; Hochdruck-Bereich) wirksam sind. In erster Linie konzentrieren sich die vorgestellten Ergebnisse auf die in der Tab. 3 zusammengestellten Additivgruppen.

Zur Testung des Reib- und Verschleißverhaltens von Schmierstoffen sind unterschiedliche Testapparaturen entwickelt worden, von denen Abb. 1 eine Auswahl enthält. Die in der vorliegenden Arbeit beschriebenen Ergebnisse

Tabelle 3 Zusammenstellung schichtbildender Additive, die die chemischen Eigenschaften der Reiboberfläche verändern

	Verbindungsklasse	Vertreter	Aufgabe	Anwendung
Hochdruck-additive (ep-Additive)	S und org. S-Verb. -Dialkyldi- u. monosulfide -Diaryldi- u. monosulfide -Dialkylaryldi- u. monosulfide	Dibenzyl-disulfid	verhindern hohe Reib- u. Verschleiß-werte	Getriebeöle u. Schneidöle
	org. Halogenverb. -Alkyl-, Aryl-, Arylalkylhalogen	Benzylchlorid		
	O_2 und org. O-Verb.	m-Dinitrobenzen		
Antiverschleiß-additive (aw-Additive)	org. P-Verb.	Phosphor-säureester		Motorenöle
	S-, P-, O-haltige metallorg. Verb.	Metall-dialkyl-, diaryl-, dialkylaryl-dithiophosphate		

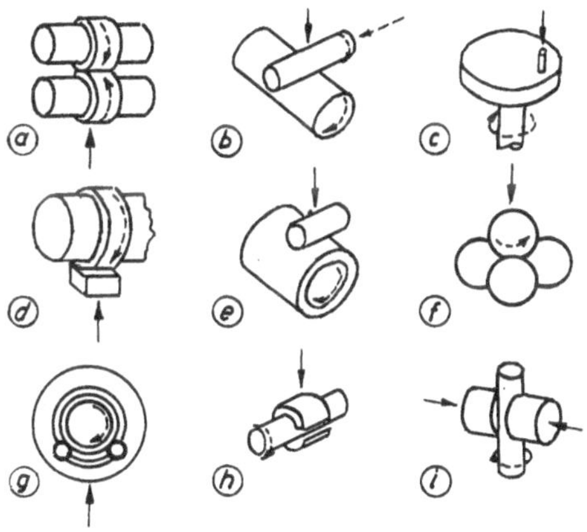

Abb. 1 Auswahl von Testapparaturen zur Prüfung von Schmierstoffen; a) zwei rotierende Zylinder, sog. Scheibenmaschine, z. B. SAE-Gerät, b) zwei gekreuzte, rotierende Zylinder, z. B. Gerät nach Thoma, c) Stift gegen rotierende Scheibe, z. B. RV-Gerät nach Wintershall-Baist, d) rotierender Zylinder gegen Ebene, z. B. Timken-Prüfmaschine, e) zwei gekreuzte Zylinder, davon einer feststehend z. B. Reichert-Reibverschleißwaage, f) vier Kugeln, davon eine rotierend, z. B. Vierkugelapparat, g) drei Zylinder, davon einer rotierend, z. B. IfE-Gerät, h) rotierender Zylinder mit zwei Halbschalen, z. B. Almen-Wieland-Gerät, i) rotierender Zylinder gegen vier ebene Flächen, z. B. Falex-Maschine

beziehen sich auf den Vierkugelapparat (VKA), die Amsler-Maschine und Stift-Scheibe-Apparatur. Der Verschleiß kann auf unterschiedliche Weise gemessen werden, z.B. optisch (mikroskopisch), gravimetrisch oder radiochemisch. Besonders letztere Methoden gestatten die Messung extrem kleiner Stoffübergänge sowie kontinuierlicher Prozesse, indem z.B. der eine Teil der Reibpaarung markiert wird, z.B. mit Fe-59, Cr-51 oder Zn-65 und auf der Gegenfläche nach Versuchsende die Aktivität bestimmt wird. Ebenso kann der Schmierstoff markiert werden und aus der radiochemischen Analyse der Grenzschichten von Reibpartnern der Anteil bestimmter Elemente aus dem Schmierstoff bestimmt werden [3]. Als Beispiel dieser Versuchsmethodik zeigt Abb. 2 zwei Autoradiogramme, die den Einfluß eines Zweitadditivs (in diesem Falle Dibenzyldisulfid) auf die Gleichmäßigkeit der Schichtzusammensetzung bei Verwendung eines Metalldithiophosphates [4] darstellen. Die Aussagefähigkeit der einzelnen Analysenmethoden ist unterschiedlich, ebenso die Annäherung der Prüfmethoden an die Praxisbedingungen, worauf ich in diesem Vortrag nicht eingehen möchte.

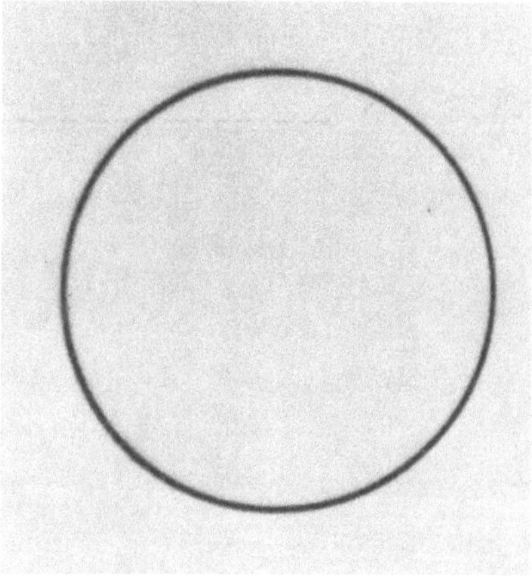

Abb. 2a

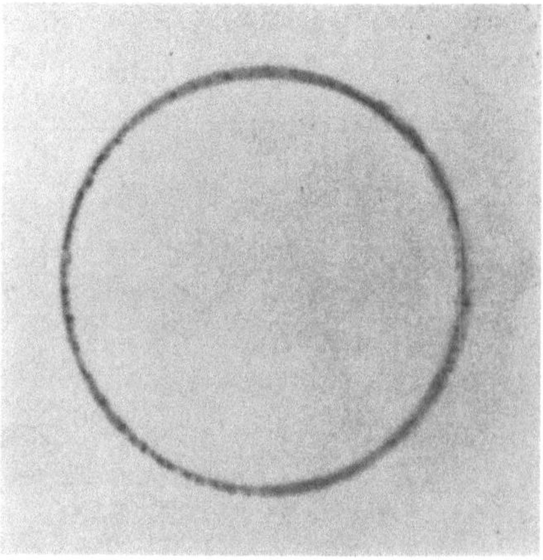

Abb. 2b

Abb. 2 Autoradiographien der Schichtbildung von ^{65}Zn-Dicyclohexyldithiophosphat (Zndtp) auf Stahlscheiben; Schmierstoff: a) 1% Zndtp in Hexadecan, b) 1% Zndtp + 3,5% Dibenzyldisulfid in Hexadecan

Die reib- und verschleißmindernde Wirkung der aw- und ep-Additive beruht nun darauf, daß sie durch ihre Wechselwirkung mit den Oberflächen der metallischen Reibpartner diese modifizieren durch

- Adsorption, d.h. durch den Aufbau von Schichten molekularer Dimension und/oder durch
- Reaktion, d.h. durch Ausbildung von Schichten im nm- bis µm-Bereich.

Es kommt darauf an, daß die Schichten unter gegebenen Beanspruchungsbedingungen in einer Reibpaarung einen Puffer zur Vermeidung eines direkten Metall-Metall-Kontaktes ausbilden. Dies ist die Voraussetzung für die Einstellung niedriger Reibkoeffizienten und geringen Verschleißes. Dabei darf keineswegs eine maximale Reaktivität zwischen Additiv und Metall angestrebt werden, sondern eine selektive Reaktivität, nämlich nur an den Stellen, wo die Schutzschichtwirkung benötigt wird, d.h. in den Mikrobezirken, wo örtlich und zeitlich wechselnde hohe Beanspruchungen auftreten [5].

Der schematische Aufbau einer Reibpaarung im Bereich der Kontaktflächen ist in Abb. 3 zu sehen. In Abb. 4 ist der Grenzschichtbereich mit seiner äußeren (Reaktionsschicht) und inneren (Gefügeänderung) Grenzschicht dargestellt.

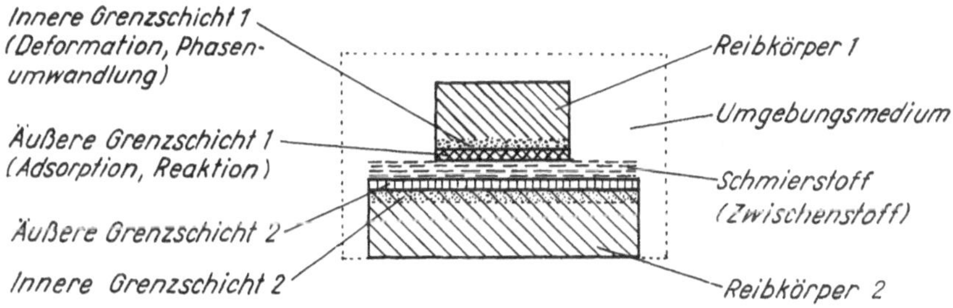

Abb. 3 Schematischer Aufbau einer Reibpaarung

Abb. 4 Schematischer Aufbau der Grenzschicht einer Reibpaarung

Es gibt prinzipiell unterschiedliche Möglichkeiten zur Erzeugung RSV-wirksamer Grenzschichten, von denen in Abb. 5 einige zusammengestellt sind.

Tatsächlich liegen keine idealen Schichten vor, wie wir sie aus der Optik oder Mikroelektronik kennen, sondern Schichten, die in ihrer Zusammensetzung, Struktur und räumlichen Ausdehnung örtlich und zeitlich wechseln. Das hat

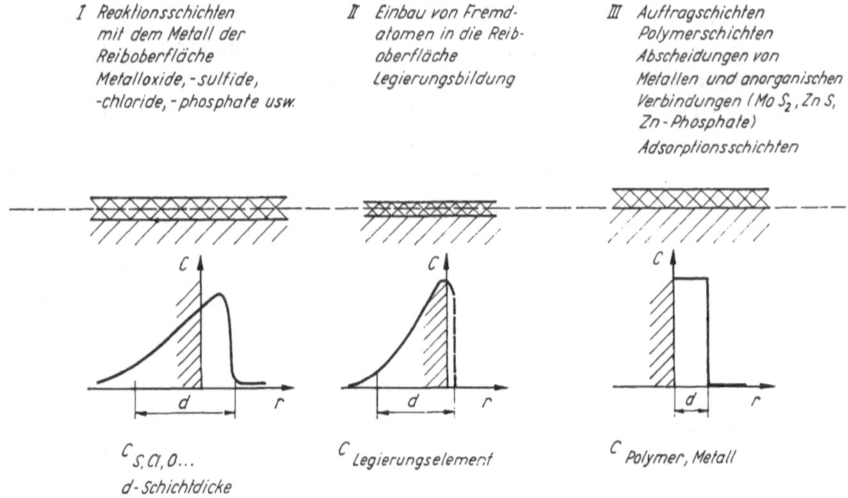

Abb. 5 Möglichkeiten der Erzeugung RSV-wirksamer Grenzschichten und Konzentrationsprofile (schematisch)

natürlich Konsequenzen für ihren analytischen Nachweis, der sich dadurch sehr kompliziert gestaltet. Hinzu kommt, daß die Schichten in einer Reibpaarung unter den Bedingungen der örtlich und zeitlich sich ändernden Druck- und Temperaturbedingungen wirken, während die eigentliche Charakterisierung im Normalfall erst nach Abschluß des Bearbeitungsvorganges erfolgt.

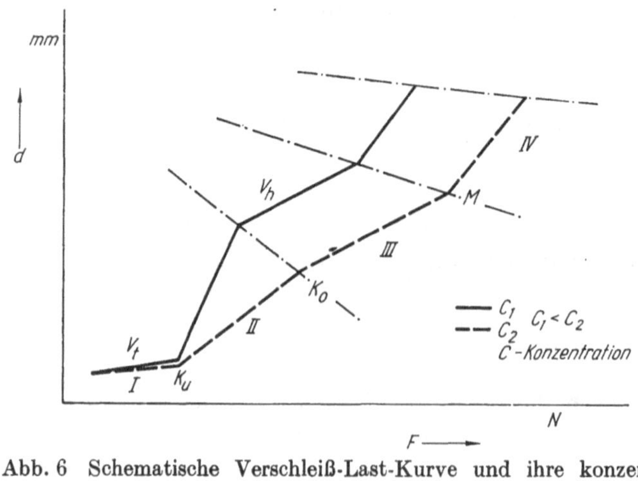

Abb. 6 Schematische Verschleiß-Last-Kurve und ihre konzentrationsabhängige Einteilung in die Gebiete I bis IV

Am Beispiel von VKA-Untersuchungen möchte ich über einige systematische Untersuchungen zur Wirkung von Sulfiden als ep-wirksame Additive berichten [6]: Abb. 6. Die Tab. 4 enthält die Einteilung der Verschleißgebiete und ihre Charakterisierung. Daraus ist zu erkennen, daß mit zunehmender Beanspruchung unterschiedliche Verschleißzustände durchlaufen werden, die auf spezifische Schichtbildungsprozesse und Schichteigenschaften zurückgeführt werden können. Diese Grenzschichten können auf Grund ihrer mechanischen und thermischen Stabilität, durch ihr Vermögen, thermische und Verformungs-

Tabelle 4 Einteilung der Verschleißgebiete, die lastabhängig im Vierkugelapparat durchlaufen werden, im System Dibenzyldisulfid/Paraffin

	Verschleißregime	berechnete, mittlere Oberflächen-temperatur	Abriebphasen-analyse	Grenzschichtcharak-terisierung
Gebiet I bis K_u	EHD- und Mischreibung, bestimmt durch Ölfilm und elastische Deformation des Festkörpers	70–150 °C	α-Fe, kein S-Nachweis	EHD-Film, Adsorptionsschichten, Reaktionsschichten mit geringer Schichtdicke
Gebiet II K_u bis K_o	Reaktionsschichtreibung (Grenzreibungsgebiet), Freßverschleiß in Einlaufphase	150–500 °C	FeS, α-Fe, γ-Fe (Spuren)	Zunahme der Reaktionsschichtdicke mit Last, Anlaßvorgänge und platsische Verformung in der inneren Grenzschicht
Gebiet III K_o bis M	Reaktionsschichtreibung, starker Freßverschleiß in Einlaufphase	500–950 °C	FeS Hauptanteil – Zunahme mit Last, α-Fe	Abnahme der Reaktionsschichtdicke mit Last, Verstärkung der Anlaß- und Fließvorgänge in innerer Grenzschicht
Gebiet IV M bis Schweißlast	Festkörperreibung äußerster Freßverschleiß	950–1500 °C	FeS Hauptanteil, α-Fe, γ-Fe	Anteil der mit Reaktionsschicht bedeckten Oberfläche gering, Reibmartensitbildung in innerer Grenzschicht
	Verschweißen	1500 °C		Fehlen der Reaktionsschicht, Reibmartensit

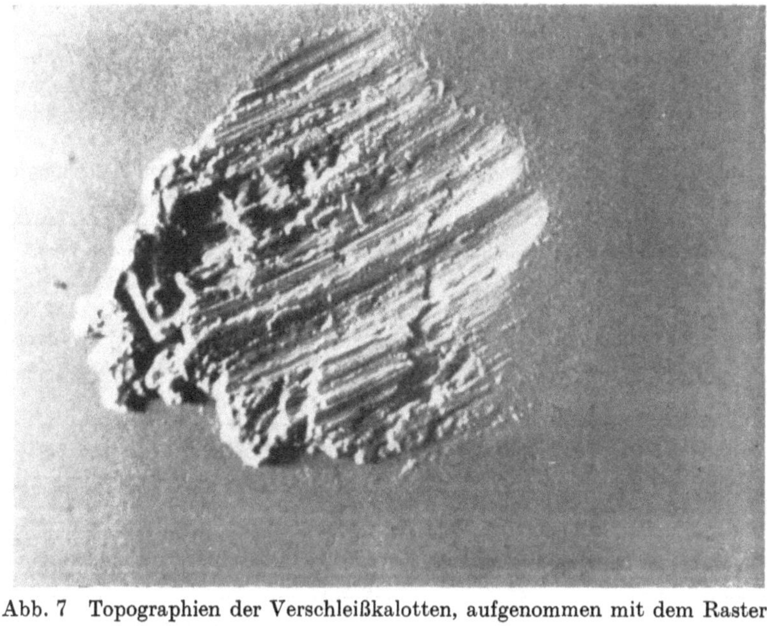

Abb. 7 Topographien der Verschleißkalotten, aufgenommen mit dem Rasterelektronenmikroskop; 1-min-Läufe mit 0,05molaren Dibenzyldisulfid/Paraffin-Lösungen bei Raumtemperatur; a) 500 N (Vergr.: 200×), b) 1000 N (Vergr.: 80×)

energie aufzunehmen, ohne sich umzuwandeln, in einem gewissen Intervall des Beanspruchungskollektivs als regelnd im Sinne der Reibungsstabilität betrachtet werden. Überschreitet die Beanspruchung den Stabilitätsbereich, d.h., erfolgt eine zu starke Energieakkumulation im Grenzschichtbereich, bildet sich über physiko-chemische Mechanismen eine qualitativ neue Grenzschicht. Diese Änderungen drücken sich im Verschleißverhalten sowie in Phasen- und Gefügeänderungen des Metalls aus. Durch Messungen des Reibungs- und Verschleißverhaltens und durch Untersuchungen der äußeren und inneren Schichten, einschließlich des Metallgefüges, lassen sich die Reibzustände charakterisieren.

Es kommt darauf an, die makroskopischen Eigenschaften eines Reibsystems mit der Wirkungsweise der Additive, d.h. mit ihrem Reaktionsverhalten, in Beziehung zu bringen. Eine solche Betrachtungsweise setzt eine möglichst umfassende Charakterisierung der Grenzschichten voraus, wozu unterschiedliche Methoden eingesetzt werden.

In Abb. 7a) sind die Topographien der Verschleißkalotten bei Verwendung von Dibenzyldisulfid als Additiv belastungsabhängig dargestellt. Mit zunehmender Belastung nimmt die Rauhigkeit zu, wobei Abb. 7b) bereits Freßverschleiß durch starke plastische Deformationen und Fließerscheinungen zeigt. Bei weiterer Laststeigerung kommt es dann zum Versagen der Reibpaarung.

Nicht nur die Topographie ist wichtig, um Schlußfolgerungen auf Mechanismen und Wirksamkeit von Additiven zu ziehen, sondern auch Veränderungen im oberflächennahen Bereich. Schwefelhaltige Additive haben keinen wesentlichen Einfluß auf die Verschleiß-Tieflage. Erst bei höheren Temperaturen erfolgt ein stärkerer konzentrationsabhängiger Verschleiß, bedingt durch den Prozeß der Reaktionsschichtbildung. Die Reaktionsschicht kann die mechanische Energie nicht völlig aufnehmen. Ein Teil der eingebrachten Energie wird durch Anlaßvorgänge und eine damit verbundene Materialerweichung abgebaut. Der damit verbundene Verschleißanstieg bewirkt eine Senkung des spezifischen Druckes, der solange erfolgt, bis die sich bildende Reaktionsschicht in der Lage ist, die aufgebrachte Last zu tragen [7].

Abb. 8 zeigt den Einfluß unterschiedlicher Schwefelkonzentrationen auf die Ausbildung der Reaktionsschicht.

Während bei hohen Additivkonzentrationen relativ dicke Reaktionsschichten von 15 bis 20 μm beobachtet werden, sind bei niedrigen Konzentrationen die Reaktionsschichten nicht mehr zusammenhängend. Es treten bereits Gefügeänderungen auf, und bei starker Belastung kommt es zur Ausbildung von sogenanntem Reibmartensit [8].

Durch ESMA-Untersuchungen kann eine direkte Aussage über die räumliche Ausdehnung der Reaktionsschicht gemacht werden: Abb. 9. Aus diesen und anderen Untersuchungen [9] kann zusammenfassend festgestellt werden, daß ein direkter Zusammenhang zwischen der Konzentration des Additivs und den Eigenschaften des Reibsystems besteht.

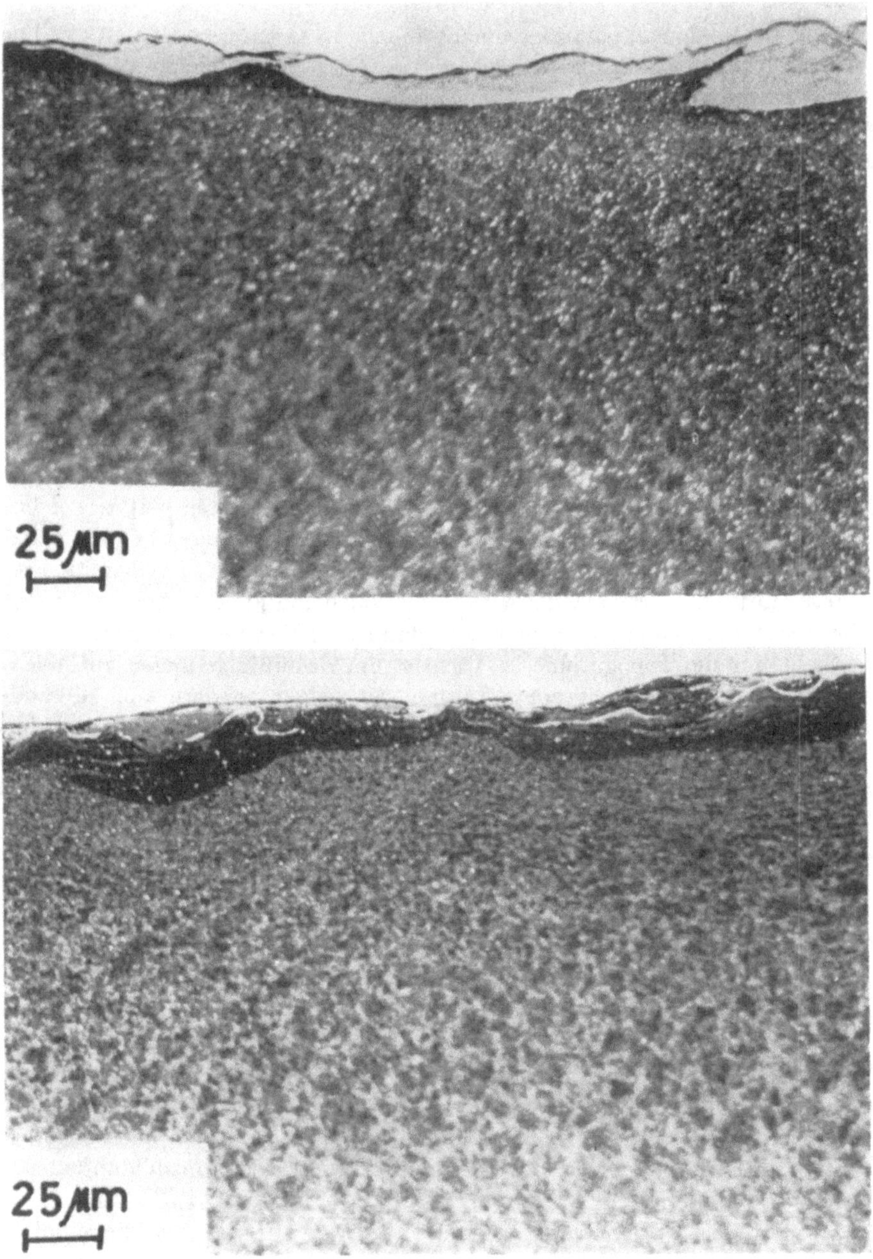

Abb. 8 Metallographische Schliffbilder der Verschleißkalotten im System Dibenzyldisulfid/Paraffin; a) 0,05 mol/l Dibenzyldisulfid, Belastung 1000 N, b) 0,005 mol/l Dibenzyldisulfid, Belastung 500 N

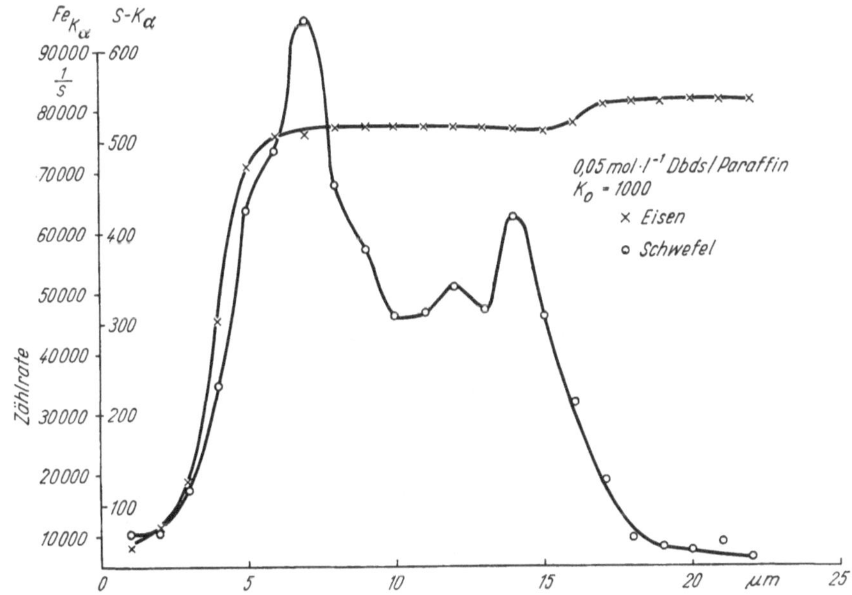

Abb. 9 ESMA-Diagramm der Fe- und S-Konzentrationsprofile über der äußeren und inneren Grenzschicht;
Bedingungen: 0,05 mol/l Dibenzyldisulfid in Paraffin; Belastung: 1000 N

Zur Aufklärung der unterschiedlichen Wirksamkeit von schwefelorganischen Verbindungen unterschiedlicher Struktur haben sich physikalisch-chemische Untersuchungen zur Wechselwirkung dieser Verbindungen mit Metalloberflächen unter thermischen Reaktionsbedingungen (sog. statische Versuchsbedingungen) bewährt. Insbesondere die Kopplung von kinetischen bzw. derivatographischen Messungen zum Reaktionsablauf mit chromatographischen Methoden zur Analyse der organischen Reaktionsprodukte und Phasenanalysen der anorganischen Reaktionsprodukte haben, wie die weiteren Ausführungen zeigen sollen, zum tieferen Verständnis des unterschiedlichen Schichtbildungsverhaltens unter dynamischen Versuchsbedingungen, d.h. im Reibsystem, beigetragen. Zwei Methoden sollen hier herausgestellt werden.

Hitzdraht-Methode

Diese ursprünglich von BARCROFT [10] eingeführte Methode zur Messung der Schichtbildung schwefelorganischer Verbindungen unter Simulation der „hot spots" in tribochemischen Systemen durch thermische Impulse wurde apparativ so verbessert [11], daß sehr kurze Impulse (5 ms) und genaue Temperaturbestimmungen (±1 °C) realisierbar sind und auch sehr geringe Schichtbildungen (≧10 nm) erfaßt werden können. Ferner ermöglicht die Kopplung mit der EDV eine geschlossene Auswertung der Kurvenzüge entsprechend unterschiedlicher Modellansätze für verschiedene atomistische Vorstellungen zum Reaktionsverlauf (Phasengrenzreaktion und Stofftransport durch die wachsende Schicht). Das Prinzip beruht darauf, über eine Widerstandsänderung die Verringerung des Durchmessers eines Drahtes zu bestimmen. Durch die Reaktion wird Metall verbraucht, und da sich der Widerstand des Reaktionsproduktes um Größenordnungen vom Metall unterscheidet (größer ist), hat man ein direktes Maß für die Schichtzunahme. Mit dieser Anordnung wurden Abhängigkeiten experimentell bestimmt [12], wie sie in den Abb. 10 und 11 zu sehen sind.

Auf die Auswertung der kinetischen Untersuchungen soll hier nicht im Detail eingegangen werden. Die zeitliche Verfolgung der Radiusabnahme liefert die Geschwindigkeit des Metallverbrauchs. Bildet sich im Verlauf der Phasengrenzreaktion eine kompakte Reaktionsschicht auf dem Metall, so werden die beiden Reaktionspartner Metall – Additiv räumlich voneinander getrennt. Im weiteren Reaktionsablauf muß zumindest ein Reaktionspartner durch die Schicht diffundieren. Dann wird der Reaktionsablauf nicht mehr allein durch die chemische Reaktion an der Phasengrenze, sondern auch durch die Diffusion der Reaktionspartner zueinander bestimmt. Will man jedoch als Maß für die

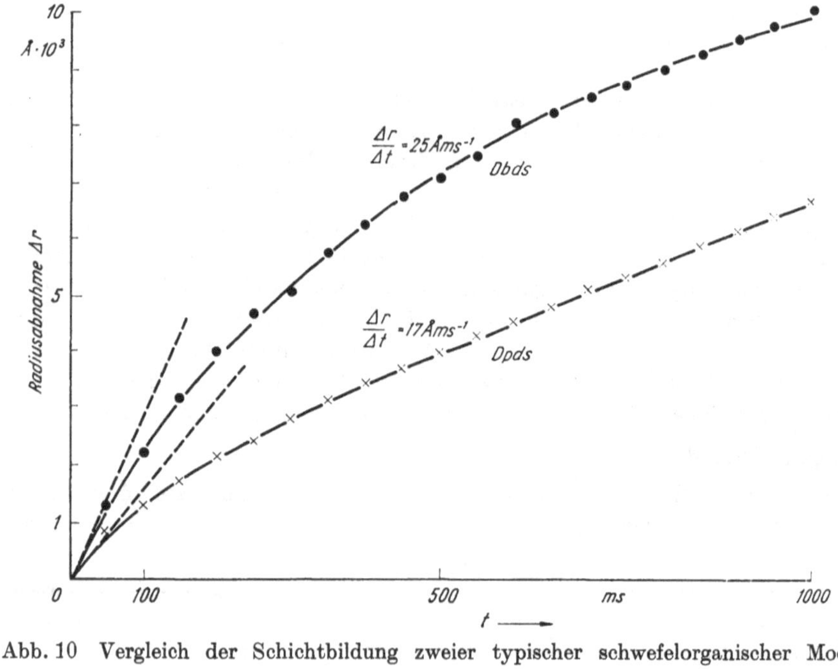

Abb. 10 Vergleich der Schichtbildung zweier typischer schwefelorganischer Modelladditive, bestimmt mittels der Hitzdrahtmethode; Temperatur: 690 °C, Konzentration: 0,5 mol/l Dibenzyldisulfifd (Dbds) und Diphenyldisulfid (Dpds)

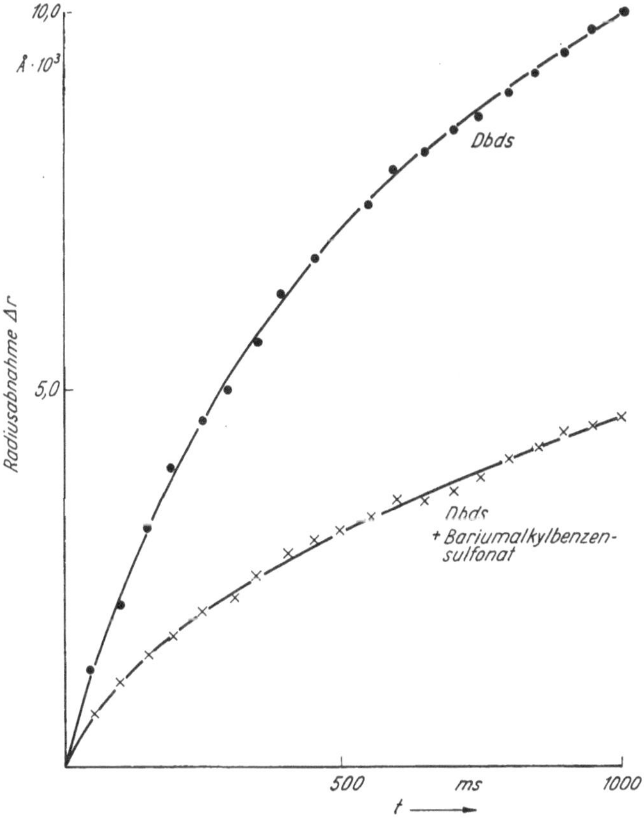

Abb. 11 Einfluß von Ba-Alkylbenzensulfonat, einem typischen Detergentzusatz, auf die Schichtbildung von Dibenzyldisulfid; Temperatur: 700 °C, 0,05molares Dibenzyldisulfid in Hexadecan

Reaktivität von Additiven gegenüber einem Metall die Geschwindigkeit des Metallverbrauchs bestimmen, muß man Transporteinflüsse eliminieren. Bestimmt man die Geschwindigkeit des Metallverbrauchs am Reaktionsbeginn ($t \to 0$), so kann eine Diffusionslimitierung ausgeschlossen werden.

Die Phasengrenzreaktion bestimmt im wesentlichen die Reaktionsgeschwindigkeit (Methode der Anfangsreaktionsgeschwindigkeit). Deshalb wurde die Radiusänderung bei relativ kleinen Zeiten im ms-Bereich verfolgt, um eine quantitative Bewertung unterschiedlicher Sulfide hinsichtlich ihrer Reaktivität vornehmen zu können.

Differentialthermoanalyse (*DTA*)

Die quantitative Bewertung der Reaktivität verschiedener organischer Schwefelverbindungen gegenüber unterschiedlichen Metalloberflächen kann auch mit der Differentialthermoanalyse (DTA) erfolgen. Die mittels differentialthermoanalytischer Untersuchungen bestimmten Temperaturen des Beginns der Reaktion zwischen den organischen Schwefelverbindungen und Eisenpulver sind ein Maß für die Reaktivität dieser Verbindungen [13, 14]. Die Temperaturen des Reaktionsbeginns stehen sowohl in Beziehung mit den unter isothermen Bedingungen mit der Hitzdrahtmethode ermittelten Schichtbildungsgeschwindigkeiten der Reaktion zwischen den organischen Schwefelverbindungen und einem Eisendraht (Abb. 12a) als auch mit dem durch Prüfläufe im Vier-Kugel-Apparat ermittelten Lasttragevermögen der organischen Schwefelverbindungen (Abb. 12b).

Wie Abb. 12a und 12b zu entnehmen ist, werden die Schichtbildungsgeschwindigkeiten und das Lasttragevermögen mit abnehmender Temperatur des Reaktionsbeginns größer.

Die Beziehung zwischen den Temperaturen des Reaktionsbeginns und dem Lasttragevermögen drückt ebenso wie die Beziehung zwischen den Schicht-

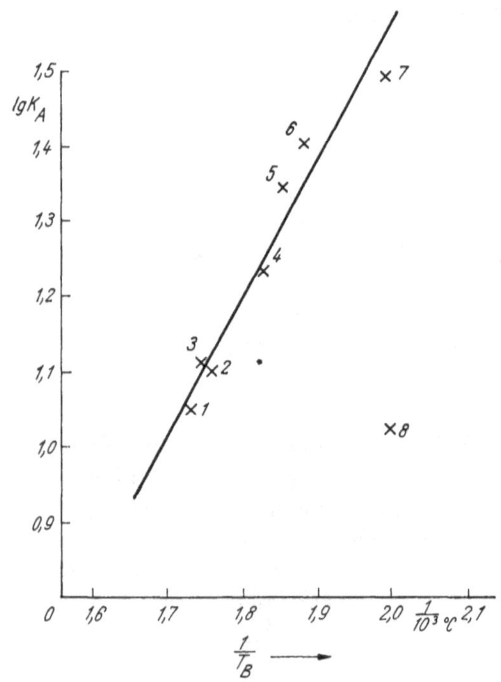

Abb. 12a Zusammenhang zwischen der Temperatur des Reaktionsbeginns (T_B) aus den differentialthermoanalytischen Untersuchungen und den Anfangsreaktionsgeschwindigkeiten K_A aus den Hitzdrahtuntersuchungen; 1 – Dodecylsulfid, 2 – Diphenylsulfid, 3 – Dihexylsulfid, 4 – Diphenyldisulfid, 5 – Dihexyldisulfid, 6 – iso-Pentyldisulfid, 7 – Dibenzyldisulfid, 8 – Dibenzylsulfid

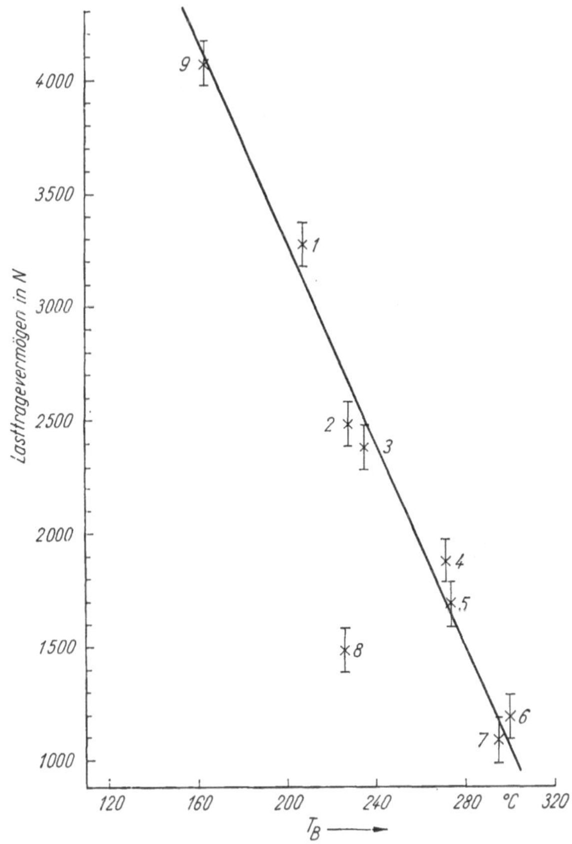

Abb. 12b Abhängigkeit des Lasttragevermögens aus VKA-Prüfläufen von der Temperatur der Sulfidierungsreaktion (T_B) aus differentialthermoanalytischen Untersuchungen

1 Schwefel
2 Dibenzyldisulfid
3 Di-tert.-butyldisulfid
4 m,m'-Dichlordiphenyldisulfid
5 Diphenyldisulfid
6 Dihexylsulfid
7 Diphenylsulfid
8 Dibenzylsulfid
9 Benzylchlorid + Dibenzyldisulfid

bildungsgeschwindigkeiten und den Temperaturen des Reaktionsbeginns die dominierende Rolle der Schichtbildung für die Hochdruckwirkung dieser Additive aus. Die Unterschiede in der Hochdruckwirkung verschiedener organischer Schwefelverbindungen resultieren also vor allem aus den unterschiedlichen Geschwindigkeiten der Unterbindung des unmittelbaren Metall-Metall-Kontaktes durch die Bildung von Eisensulfidschichten. Im Gegensatz zu früheren Korrelationsversuchen zwischen den Bindungsparametern bzw. den Zersetzungstemperaturen der organischen Schwefelverbindungen und ihrer ep-Wirkung [15, 16] fanden wir, daß die organischen Schwefelverbindungen gegenüber Metalloberflächen kein einheitliches grenzflächenchemisches Verhalten zeigen. Während die aromatischen Disulfide Dibenzyldisulfid, Diphenyldisulfid, Dihexyldisulfid, m,m'-Dichlordiphenyldisulfid, das aromatische Monosulfid Dibenzylsulfid und Di-tert-butyldisulfid vor ihrer Zersetzung mit den Metallen exotherm zu Metallsulfiden reagieren, sulfidieren die aliphatischen Monosulfide Di-n-butylsulfid, Diamylsulfid, Dihexylsulfid, Didecylsulfid, Didodecylsulfid, Di-2-äthylhexylsulfid und die aliphatischen Disulfide Dihexyldisulfid, Di-2-äthylhexyldisulfid sowie die aromatischen Monosulfide Diphenylsulfid und m,m'-Dichlordiphenylsulfid die Metalle über ihre Zersetzungsprodukte.

Mit der DTA lassen sich neben der unterschiedlichen Reaktivität der organischen Schwefelverbindungen auch der Einfluß von Oxidschichten und dse Aktivierungszustandes des Festkörpers sowie der Einfluß weiterer Additive auf das Reaktionsverhalten der organischen Schwefelverbindungen erfassen.

Abb. 13a zeigt die Differentialthermogramme für die Reaktion von Diphenyldisulfid mit Kupfer, oberflächlich oxydiertem Kupfer und Kupfer(II)-oxid. Die Temperatur des Reaktionsbeginns ist bei der Reaktion des oberflächlich oxydierten Kupfers mit Diphenyldisulfid höher als bei der Reaktion von Kupfer mit Diphenyldisulfid (vgl. Kurve 1 und 2). Durch die Oxidschicht auf dem Kupfer wird die Reaktion zwischen dem Metall und dem Diphenyldisulfid gehemmt.

Das Differentialthermogramm für die Reaktion von Kupfer(II)-oxid mit Diphenyldisulfid zeigt zwei exotherme Effekte. Mittels Röntgenbeugung wurde

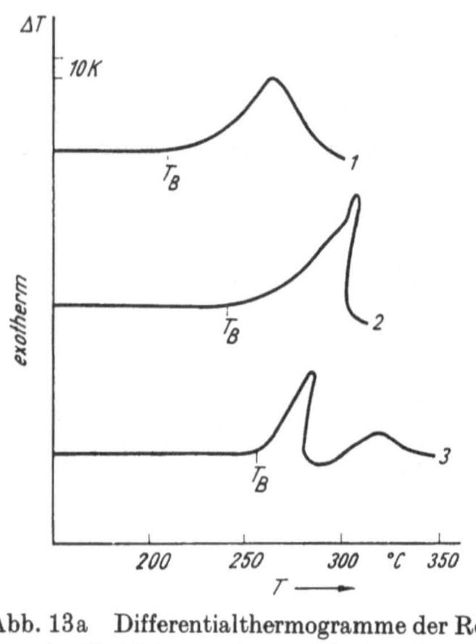

Abb. 13a Differentialthermogramme der Reaktion von Diphenyldisulfid mit: 1 – Kupfer, 2 – oberflächlich oxydiertem Kupfer, 3 – Kupfer(II)-oxid

nach der bei den niedrigeren Temperaturen ablaufenden exothermen Reaktion neben Kupfer(II)-oxid Kupfer(I)-oxid im festen Reaktionsprodukt nachgewiesen. Nach der bei höheren Temperaturen ablaufenden exothermen Reaktion wurde Kupfer(I)-Sulfid identifiziert. Diphenyldisulfid reduziert das Kupfer(II)-oxid vor der Sulfidierung. Neben der mechanischen Abtragung können die Oberflächenoxide in einem Reibsystem auch chemisch abgebaut werden.

In einem Reibsystem erfolgt neben der thermischen Aktivierung auch eine mechanische Aktivierung der grenzflächenchemischen Reaktion [17]. Durch differentialthermoanalytische Untersuchungen wurde der Einfluß der infolge mechanischer Bearbeitung veränderten Reaktivität des Festkörpers auf die Reaktion mit den organischen Schwefelverbindungen untersucht (Abb. 13b.)

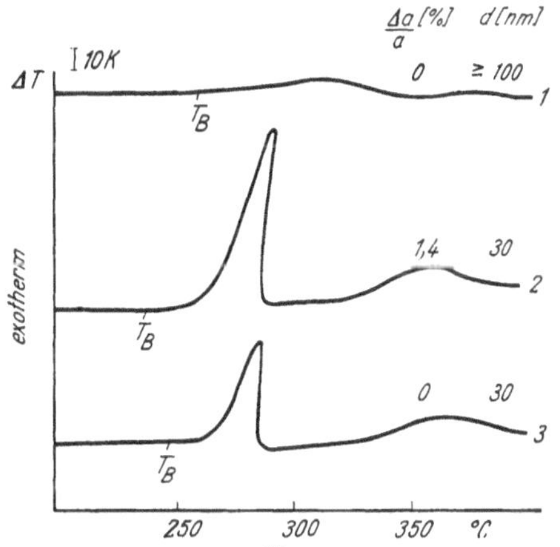

Abb. 13b Einfluß des Aktivierungszustandes von Kupfer(II)-oxid auf die Temperatur des Reaktionsbeginns mit Diphenyldisulfid; 1 – unbearbeitetes CuO, 2 – bearbeitetes CuO, 3 – bearbeitetes CuO, das danach bei 350 °C in Ar getempert wurde

Die mechanische Bearbeitung der Metall- bzw. Metalloxidpulver erfolgte in einem Vibrator durch Impakt mit einer Stahlkugel. Die Kurven 1, 2 und 3 zeigen die Differentialthermogramme für die Reaktion von Diphenyldisulfid mit unterschiedlich vorbehandelten Kupfer(II)-oxid. Die Temperatur des Reaktionsbeginns und die Kurvenform werden durch den unterschiedlichen Aktivierungszustand des Kupfer(II)-oxids beeinflußt. Der Aktivierungszustand wurde aus der Änderung der Halbwertsbreite der Röntgenbeugungsreflexe des Kupfer(II)-oxids bestimmt. Die ermittelten relativen Gitterverzerrungen ($\Delta a/a$) und Primärteilchengrößen (d) sind in Abb. 13b enthalten. Durch Tempern des aktivierten Kupfer(II)-oxids werden die Gitterstörungen ausgeheilt, während die Primärteilchengröße unverändert bleibt. Die Ausheilung der Gitterverzerrung erhöht die Temperatur des Reaktionsbeginns um 15 K

(Kurve 2 und 3). Die Untersuchungen zeigen, daß die Unterschiede in den Temperaturen des Beginns der Reaktion zwischen mechanisch bearbeiteten und unbearbeiteten Metallen und Metalloxiden vergleichbar sind mit denen, die mit organischen Schwefelverbindungen unterschiedlicher Struktur gefunden wurden.

Durch gemeinsamen Einsatz der DTA mit anderen physiko-chemischen Analysenmethoden, wie z.B. Röntgenbeugung, Mößbauer-Spektrometrie, Rasterelektronenmikroskopie und Dünnschichtchromatographie, ist es möglich, Zusammenhänge zwischen den komplex ablaufenden Wechselwirkungsprozessen zwischen Additiv und Metall zu erfassen und z.B. den Einfluß eines Zweitadditivs auf die Reaktivität organischer S-Verbindungen gegenüber Metallen aufzuklären [18].

Neben schwefelhaltigen Verbindungen werden Schmierölen auch organische Chlorverbindungen als ep-Zusätze zugesetzt. Diese Cl-Verbindungen, besonders solche, die leicht HCl abspalten, erhöhen jedoch den Verschleiß sehr stark. Um den Verschleiß herabzusetzen, werden dem Öl entweder weitere Komponenten, wie Aminophenole, zugesetzt, die die HCl-Entwicklung hemmen, oder die HCl-Abspaltung aus der organischen Cl-Verbindung wird durch eine festere Bindung des Chlors erschwert. Es ist bekannt, daß die Korrosivität organischer Cl-Verbindungen, in denen die Cl-Atome am aromatischen Kern gebunden sind, niedriger ist als bei Alkylaromaten mit Cl in der Seitenkette. Aus der Literatur ist die Erscheinung bekannt, daß die Kombinationen organischer S-Verbindungen mit Alkyl- bzw. Arylchloriden eine wesentlich höhere ep-Wirkung haben als die Einzelkomponenten selbst. Ein solches verstärkendes Verhalten wird als synergistisch bezeichnet. Nach Vorstellungen von PRUTTON [19] beruht das synergistische Verhalten dieser Kombinationen auf der katalytischen Wirkung des zuerst durch Reaktion von Fe mit den reaktiven Zersetzungsprodukten der organischen S-Verbindungen gebildeten Eisensulfids auf die Bildung von Eisenchlorid. Die Beschleunigung der Eisenchloridbildung ist dabei um so größer, je reaktiver die organische S-Verbindung ist. Andere Autoren machen auch die katalytische Wirkung des Eisenchlorides auf die Eisensulfidbildung verantwortlich. Durch unsere DTA-Untersuchungen der Reaktion von oberflächlich chloriertem Fe-Pulver mit Dibenzyldisulfid und von oberflächlich sulfidiertem Fe-Pulver mit Benzylchlorid sowie dieser vorbehandelten Fe-Pulver mit der Benzylchlorid/Dibenzyldisulfid-Kombination konnte festgestellt werden, daß bei diesen Reaktionen T_B um 30 bis 40 °C erhöht wird: Abb. 14.

Das korrosive Verhalten des Benzylchlorids drückt sich in einer niedrigen Temperatur des Beginns der Reaktion mit Fe aus (85 °C) (Kurve 2a). Dabei entstehen HCl, $FeCl_2$, $FeCl_3$. Die Reaktion Benzylchlorid/Dibenzyldisulfid/Fe beginnt im Vergleich zu der Reaktion Dibenzyldisulfid mit Fe bei einer um 80 °C tieferen Temperatur (Kurve 1a, 3a). Die Erniedrigung von T_B bedeutet eine Erhöhung der Reaktivität und damit das verbesserte ep-Verhalten der Kombination im Vergleich zum Dibenzyldisulfid allein.

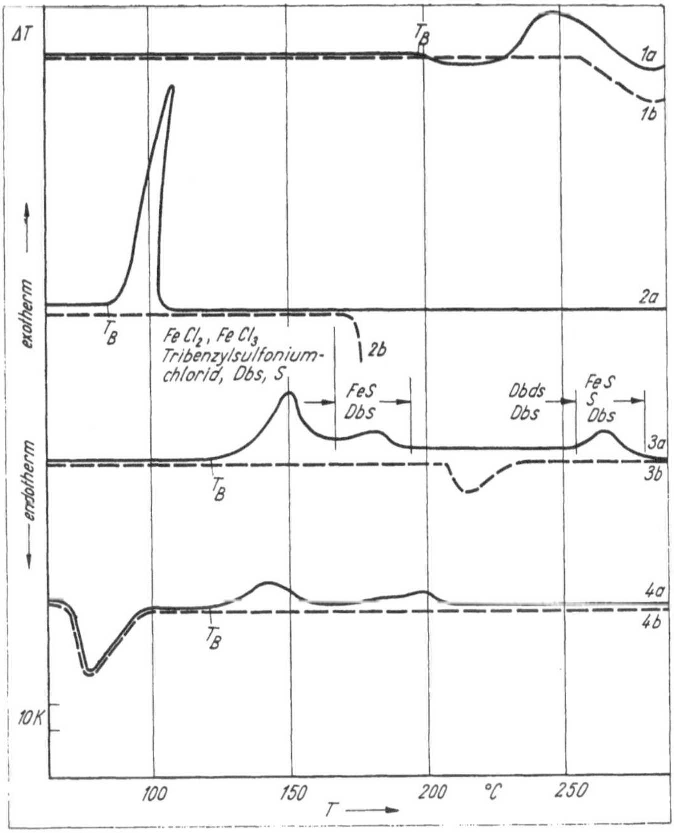

Abb. 14 Zum synergistischen Verhalten der Kombination Dibenzyldisulfid/Benzylchlorid. Differentialthermogramme von Dibenzyldisulfid, Benzylchlorid, der Benzylchlorid/Dibenzyldisulfid-Kombination und von Tribenzylsulfoniumchlorid (gestrichelte Kurven) sowie von deren Reaktionen mit Eisen (ausgezogene Kurven);
1a – Dibenzyldisulfid und Fe, 1b – Dibenzyldisulfid, 2a – Benzylchlorid und Fe, 2b – Benzylchlorid, 3a – Benzylchlorid/Dibenzyldisulfid-Kombination und Fe, 3b – Benzylchlorid/Dibenzyldisulfid-Kombination, 4a – Tribenzylsulfoniumchlorid und Fe 4b – Tribenzylsulfoniumchlorid

Bei der Reaktion der Kombination mit Fe sind drei exotherme Peaks zu beobachten (Kurve 3a).

1. Reaktion zwischen 120 und 160 °C: Mit Beginn der Reaktion zwischen Dibenzyldisulfid/Benzylchlorid/Fe bei 120 °C setzt die HCl-Entwicklung ein, die im Vergleich zur Reaktion zwischen Benzylchlorid und Fe bei einer um 35 °C höheren Temperatur beginnt (Kurve 2a, 3a). Durch die verzögerte HCl-Entwicklung, die auf die Bildung von Tribenzylsulfoniumchlorid zurückzu-

führen ist, wird das korrosive Verhalten des Benzylchlorids unterdrückt, was durch einen geringeren Verschleiß der Kombination im Vergleich zum Verschleiß von Benzylchlorid allein bestätigt wird. Entgegen den Vorstellungen von PRUTTON werden bei der Reaktion des Gemisches somit zuerst Eisenchloride gebildet.

2. An die erste Reaktion schließt sich zwischen 160 und 190°C eine 2. exotherme Reaktion an (Kurve 3a). Die röntgenographische Phasenanalyse ergab Eisensulfid neben Eisenchlorid.

Nach der 2. exothermen Reaktion wurden im flüssigen Reaktionsprodukt Tribenzylsulfoniumchlorid und Dibenzyldisulfid nachgewiesen. Das Dibenzylsulfid wandelt sich bei steigender Temperatur bis zur exothermen Reaktion, die bei ~260°C beginnt, teilweise in Dibenzyldisulfid um. Das entstandene Dibenzyldisulfid reagiert dann zwischen 260 und 280°C mit dem oberflächlich chlorierten und sulfidierten Fe (Kurve 3a). Nach dieser Reaktion befinden sich elementarer Schwefel und Dibenzylsulfid im flüssigen Reaktionsprodukt. Die aus Eisenchloriden und Eisensulfid bestehende Oberflächenschicht verzögert die Reaktion zwischen dem Dibenzyldisulfid und dem Fe (Kurve 1a, 3a). Eine Verzögerung der Sulfidierungsreaktion, die auf eine Diffusionshemmung durch die vorher erzeugte Reaktionsschicht zurückzuführen ist, wurde auch bei der Reaktion von Dibenzyldisulfid mit oberflächlich sulfidiertem und chloriertem Fe beobachtet.

Zusammenhänge ergeben sich auch zu dynamischen Versuchen [18]. Das System wurde mit dem Raster-EM in Verbindung mit der Mikrosonde untersucht. Während mit der Dibenzyldisulfid/Benzylchlorid-Mischung eine glatte Reibspur erhalten wird, hat die mit reinem Dibenzyldisulfid erhaltene Reibspur ein rauhes, schollenhaftes Aussehen. Die Schollen enthalten eine hohe Schwefelkonzentration. Bei hohen Lasten unterbinden die sich bei niedrigen Temperaturen bildenden Eisenchlorid- und Eisensulfidschichten das Auftreten kritischer Reibzustände in der Anfangsphase des Prüflaufes. Die relativ niedrig schmelzenden und leicht scherbaren Eisenchloride werden aber bei hohen Lasten aus der Reibspur verdrängt, so daß das Lasttragevermögen von der verschleißfesteren Eisensulfidschicht bestimmt wird.

Neben dem besseren ep-Verhalten haben gemischte Reaktionsschichten auch ein verändertes Reibverhalten im Vergleich zu den Einzelkomponenten. Bei der niedrigen Last und damit bei niedriger Temperatur bewirken die Eisenchloride eine Erniedrigung der Reibungszahl. Bei der höheren Last werden die Eisenchloride in der Anfangsphase des Prüflaufes aus der Reibspur verdrängt, und die Reibungszahl wird wie beim Dibenzyldisulfid durch die Eisensulfidschichten bestimmt.

An diesem etwas ausführlicher behandelten System sollte demonstriert werden, wie es gelingt, durch Aufklärung des Reaktionsverhaltens auch das verbesserte Verhalten der entsprechenden Kombination im Prüflauf zu verstehen. Die Untersuchung von Additivkombinationen spielt in der Praxis eine große Rolle, da wir es unter diesen Bedingungen immer mit einem Gemisch von sich gegenseitig beeinflussenden Additiven zu tun haben.

Gestatten Sie mir abschließend einige Bemerkungen zu den Metalldithiophosphaten mit ihren multifunktionellen Eigenschaften. In diesem Zusammenhang wollen wir nur die aw-Eigenschaften betrachten.

Im Vergleich zu den Sulfiden ist das elasto-hydrodynamische Gebiet (EHD-Gebiet) stark erweitert bis zu hohen Flächenpressungen (Abb. 15). Zur Charakterisierung des Wechselwirkungsmechanismus im EHD- und Mischreibungsgebiet wurden Tiefenprofile mittels Auger-Elektronenspektroskopie (AES) aufgenommen (Abb. 16). Wegen der relativ geringen Schichtdicke versagt hier die ESMA-Methode.

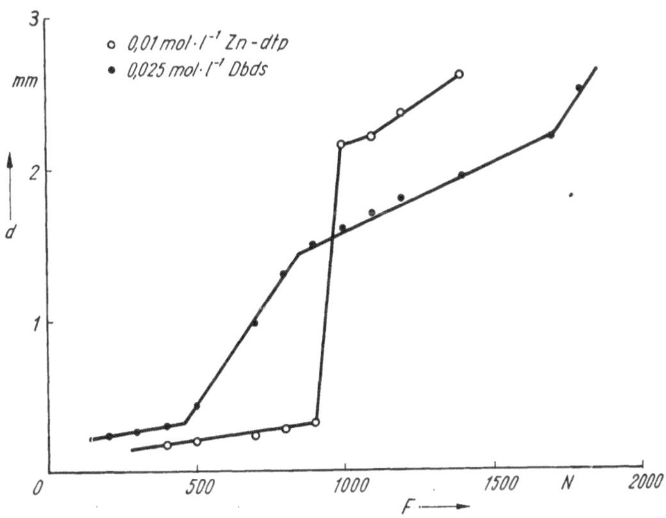

Abb. 15 Vergleich des Verschleißverhaltens von Metalldithiophosphaten und schwefelorganischen Verbindungen im VKA; Verschleiß-Last-Kurve für Dibenzyldisulfid (Dbds) und Zn-di-n-butyl-dithiophosphat (Zn-dtp) in Paraffin im 1-min-Lauf

Bei einem fast linearen Anstieg der Fe-Konzentration oberhalb ~ 10 nm liegt das Maximum der Zn-Konzentration bei ~ 30 nm. Symbat zum Phosphor-Profil verläuft der Sauerstoff-Peak. Das Konzentrationsverhältnis der Elemente Zn, P, S entspricht nicht dem des Ausgangsmoleküls. Mit Steigerung der Last in den Bereich der unteren Knicklast deutet sich ein Wechsel im Schichtbildungsmechanismus an [7]. Bei höheren Fe-Konzentrationen ist Schwefel in wesentlich höheren Konzentrationen beteiligt. Hier deutet sich schon das ep-Verhalten des Schwefels an.

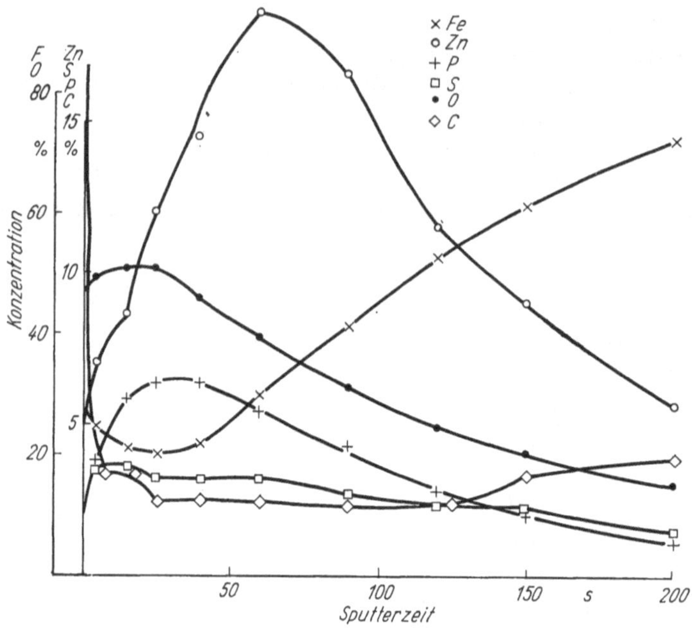

Abb. 16 AES-Profil der Reaktionsschicht im VKA-Test, 300 N, 30 min; 0,025 mol/l Zn-di-n-butyl-dithiophosphat/Paraffin. Einer Sputterzeit von 1 s entspricht etwa 0,5 nm Abtragung (Abschätzung) (statt F lies Fe)

Schliffuntersuchungen zeigen, daß mit zunehmender spezifischer Flächenpressung die äußere Grenzschicht in ihrer flächenhaften Ausbildung und Dicke bis zur unteren Knicklast anwächst. Die Schichtdicke ist direkt abhängig von der Konzentration des Metalldithiophosphates. Sie ist nicht gleichmäßig über die Kalottenoberfläche verteilt (Abb. 17). Die Fe-Konzentration liegt zwischen 85 und 92%. Die Konzentrationsprofile der Elemente Zn, P, S verlaufen annähernd symbat (Abb. 18).

Interessant für den Bildungs- und Wechselwirkungsmechanismus der äußeren Grenzschicht ist der steile Konzentrationsabfall der Heteroelemente an dem scharfen Phasenübergang von der äußeren zur inneren Grenzschicht. Charakterisiert werden kann die äußere Grenzschicht als ein durch Druck und Temperatur im Reibprozeß gebildetes Phasengemisch zwischen der Hauptkomponente Fe und geringen Anteilen anorganischer Verbindungen, wie Phosphaten, Sulfiden und Oxiden.

Die Mikrohärte hat hohe Werte in der äußeren Grenzschicht. Sie fällt ab im Anlaßgefüge der inneren Grenzschicht und steigt wiederum an im martensitischen Grundgefüge. Es ist unklar, ob die äußere Grenzschicht mit diesen hohen Härtewerten im Reibprozeß zur Wirkung kommt oder sich möglicher-

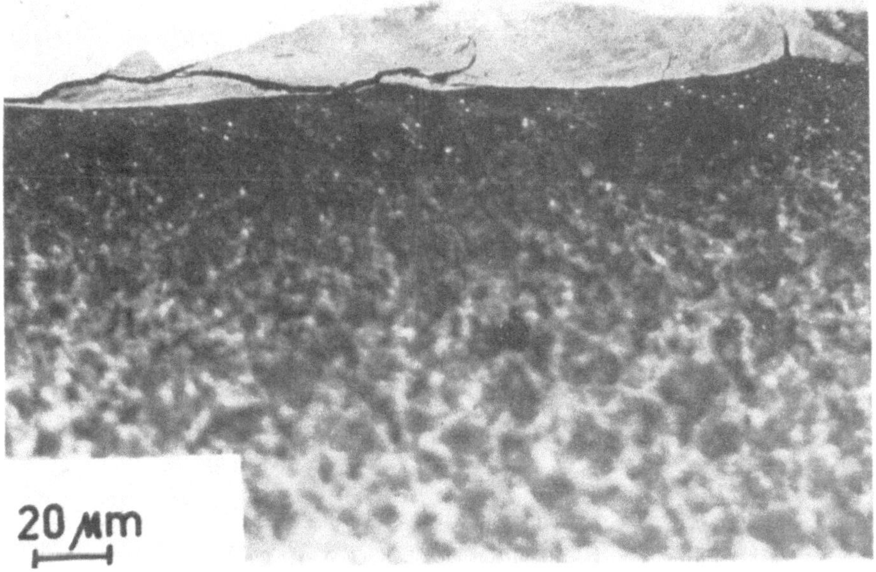

Abb. 17 Metallographisches Schliffbild der Verschleißkalotte eines VKA-Versuches; 0,025 mol/l Zn-di-n-butyl-dithiophosphat, 900 N

weise in einem plastifizierten Zustand befindet, was den theoretischen Vorstellungen von KRAGELSKI [20] über einen positiven Festigkeitsgradienten näher kommen würde. Die dargestellten Untersuchungen über die unterschiedlichen Wechselwirkungsmechanismen von Additiven mit der Festkörperoberfläche haben gezeigt, daß es in vielen Fällen möglich ist, unter unterschiedlichen physikalisch-chemischen Bedingungen ihre Beteiligung am Schichtbildungsprozeß nachzuweisen und ihn damit auch zu steuern.

Es ergibt sich damit die Frage nach der Übertragbarkeit dieser Erkenntnisse auf Praxisbedingungen. Die Beantwortung dieser Frage muß sehr differenziert gesehen werden. Wir sind heute noch weit davon entfernt, aus Erkenntnissen über das Schichtbildungsverhalten von Einzelsystemen die zu erwartende Verhaltensweise etwa im Motor oder Getriebe vorherzubestimmen, weil dies letztlich auch die Kenntnis der zwischenmolekularen Wechselwirkungsprozesse zwischen den Einzelbestandteilen in einem sogenannten Additivpaket voraussetzt.

Deshalb wird zunächst versucht, die Ergebnisse der Schichtbildungsprozesse auf relativ einfache Prüfmaschinen zu übertragen, deren Arbeitsregime und Beanspruchungsbedingungen der Praxis in unterschiedlichem Maße nahekommen. Hierbei können z. B. die im Reibsystem auftretenden Temperaturen berechnet oder gemessen werden und mit der Reaktivität gegenüber dem Metall in Beziehung gebracht werden. Die Auswertung solcher Versuche muß

Abb. 18 Linienscans der äußeren Reaktionsschicht

notwendigerweise eine statistische Betrachtungsweise einschließen. Noch komplizierter werden die Verhältnisse, wenn man zu Praxisbedingungen übergeht. Hierbei sind als zusätzliche Parameter die Zeitabhängigkeit in der Verhaltensweise des Schmierstoffs und der Betriebszustand mit in die Betrachtung einzubeziehen.

Um nun den Weg von Laboruntersuchungen über Prüfmaschinen bis zu Praxisbedingungen zu gehen, haben wir gemeinsame Untersuchungen und Versuchsprogramme mit dem PCK Schwedt, VEB Hydrierwerk Zeitz, BT Lützkendorf und der TH Budapest vorgesehen bzw. begonnen, um an ausgewählten Schmierstoffsystemen der Frage der Übertragbarkeit näher zu kommen und Methoden ihrer Handhabung auszuarbeiten.

Literatur

[1] Keil, G., und A. Peterson, Schmierungstechnik **3** (1972) 257.
[2] Werner, E., Schmierungstechnik **7** (1976) 293.
[3] Wagner, K. und K. Dehlan, Isotopenpraxis **14** (1978) 292.
[4] Wagner, K., K. Dehlan und H. Indorf, Isotopenpraxis **16** (1980) 112.

[5] Meyer, K., H. Berndt und J. Krüger, Schmierungstechnik **11** (1980) H. 11 (im Druck).
[6] Kloss, H., K. Meyer und H. Berndt, 2. Konferenz über Tribologie, Budapest, 24.–26. 10. 1979, Band II, S. 603.
[7] Meyer, K., I. Sieber und H. Kloss, Proceedings of the 3. Conference on Tribology (Eurotrib 81), Warszawa (erscheint 1981).
[8] Eyre, T. S. und A. Baxter, Metals and Materials, Oktober 1972, S. 435.
[9] Meyer, K., u. a., Chemische Technik 8 (1979) 411.
[10] Barcroft, F. T., Wear **3** (1960) 440.
[11] Krüger, J., und H. Berndt, Schmierungstechnik **11** (1980) 200.
[12] Meyer, K., H. Berndt und J. Krüger, Schmierungstechnik **11** (1980) 326.
[13] Berndt, H., B. Essiger und K. Meyer, Schmierungstechnik **9** (1978) 144.
[14] Meyer, K., H. Berndt und B. Essiger, Applications of Surface Science **4** (1980) 154.
[15] Forbes, E. S., Wear **15** (1970) 87.
[16] Dunken, H., 2. Intern. Symposium „Wirkungsmechanismen von Additives“, Halle 24.–27. 2. 1976.
[17] Thiessen, P. A., K. Meyer und G. Heinicke, Grundlagen der Tribochemie, Abhandlungen der Deutschen Akademie der Wissenschaften zu Berlin, Klasse für Chemie, Geologie und Biologie, 1966, N. 1.
[18] Essiger, B., H. Berndt, S. Hummel und R. Voigt, Schmierungstechnik **10** (1979) 356.
[19] Prutton, C. F., u. a., J. Inst. Petrol. **32** (1946) 266.
[20] Kragelski, I. W., Reibung und Verschleiß. VEB Verlag Technik, Berlin 1971.
[21] Berndt, H., S. Hummel und B. Essiger, Schmierungstechnik **11** (1980) 147.

Herbert Grunze

Diskussionsbemerkung

Die im Vortrag geäußerte Meinung, daß die Funktion von Polymeren (u.a. Polyphosphaten) als Schmierstoffe im wesentlichen auf deren Strukturen zurückzuführen sei und es bei deren mechanischer und thermischer Beanspruchung praktisch zu keinen chemischen Reaktionen komme, dürfte nur für Vorgänge bei relativ niedrigen Temperaturen zutreffen. Bei höheren Temperaturen unterliegen anorganische Polymere, so auch Polyphosphate, tiefgreifenden Reorganisationsreaktionen, bei denen eine Umverteilung der die Polymeren konstituierenden Baueinheiten, wie End-, Mittel-, Verzweigungs- und Vernetzungsgruppen, erfolgt.

Ein gut untersuchtes und übersichtliches Beispiel hierfür ist das Natriumtripolyphosphat $Na_5 [P_3O_{10}]$, dessen Kristalle – abgesehen von den Kationen – ausschließlich Polyphosphatanionen der Kettenlänge $n = 3$ enthalten. Oberhalb des inkongruenten Schmelzpunktes dieser Verbindung werden neben kristallinem Diphosphat intermediär relativ hochmolekulare Polyphosphatanionen (mit $n > 10$) gebildet, die bei weiterer Temperatursteigerung durch Reaktion mit dem Diphosphat wieder abgebaut werden. Nach Erreichen des Liquiduspunktes liegen dann oligomere Phosphatanionen mit Kettenlängen von $n = 2$ bis 6 in solchen Mengenanteilen vor, daß als mittlere Kettenlänge wiederum $\bar{n} = 3$ resultiert. Obwohl also die chemische Bruttozusammensetzung unverändert bleibt, vollziehen sich in diesem Stoffsystem bei diesen Vorgängen umfangreiche strukturelle Veränderungen.

Gerade die an anorganischen Polymeren bei höheren Temperaturen beobachtbaren Reorganisationsreaktionen können jedoch die Basis für die Entwicklung von reaktiven Schmierstoffsystemen bilden. Beispielsweise stellen Polyphosphate Polyelektrolyte dar, die sich aus Polyanionen und Kationen aufbauen.

Polymerisationsgrad und mittlere Kettenlänge $\bar{n}$ der Polyphosphate werden durch das Verhältnis von Kationenäquivalenten zu Phosphoratomen determiniert ($\bar{n} = 2/[Me^I : P] - 1$). Bringt man Polyphosphate mit Metalloxiden zur Reaktion, so erfolgt ein nucleophiler Abbau der Polyphosphate und eine Abnahme der mittleren Kettenlänge $\bar{n}$ entsprechend dem erhöhten Kationen/Phosphor-Verhältnis. Verlagert man diese Reaktion in die Grenzfläche zwischen Werkzeug und Werkstück und wählt ein Oxid, dessen Kation in verschiedenen Oxydationsstufen auftreten kann (z.B. Eisenoxid), so wird eine gegenläufige Reaktionstendenz erkennbar.

Die bei hohen Temperaturen an der Beanspruchungsfläche auftretenden Exoelektronen verringern die Oxydationszahl des Kations des Metalloxids und bewirken eine Erniedrigung des Verhältnisses Kationenäquivalente zu Phosphor im System Metalloxid/Polyphosphat, woraus eine Vergrößerung der mittleren Kettenlänge der Polyphosphate resultiert. Auf diese Weise wirkt das System Metalloxid/Polyphosphat im Sinne eines „energetischen Puffers“ als reaktiver Schmierstoff im Grenzbereich Werkzeug/Werkstück. Von diesen Überlegungen ausgehend, wurden von uns Hochtemperaturschmierstoffe für die Warmverformung von Stahl (insbesondere für das Strangpressen) entwickelt, die seit über einem Jahrzehnt erfolgreich in der Rohrproduktion angewendet werden.

Klaus Meyer

Erwiderung auf die Diskussionsbemerkung

Die im Vortrag gemachten Aussagen beziehen sich ausschließlich auf eingesetzte nicht-kondensierte Metalldithiophosphate. Polymere, wie z. B. Polyphosphate, wurden von uns nicht untersucht.

Wir haben aber festgestellt, daß auch die Metalldithiophosphate unter mechanischen Beanspruchungsbedingungen und unter thermischer Energiezufuhr bereits bei niedrigen Temperaturen mit der Festkörperoberfläche reagieren, wobei Phosphate mit unterschiedlicher Struktur und unterschiedlichem Polymerisationsgrad entstehen. Mittels dünnschicht- und papierchromatographischer Analysen wurden die Reaktionsprodukte an Stahloberflächen durch Na_2S- bzw. NaF-Aufschluß analysiert [1].

Literatur

[1] Berndt, H., S. Hummel und B. Essiger, Schmierungstechnik **11** (1980) 147.

FSC
www.fsc.org
MIX
Papier | Fördert gute Waldnutzung
FSC® C083411

Zeitfracht Medien GmbH
Ferdinand-Jühlke-Straße 7
99095 Erfurt, Deutschland
produktsicherheit@kolibri360.de